本书受上海市教育委员会、上海科普教育发展基金会资助出版

神奇的蒸腾作用

U0122099

上海教育出版社
SHANGHAI EDUCATIONAL
PUBLISHING HOUSE

图书在版编目(CIP)数据

神奇的蒸腾作用 / 徐蕾主编. – 上海: 上海教育出
版社, 2016.12
（自然趣玩屋）
ISBN 978-7-5444-7345-3

Ⅰ.①神… Ⅱ.①徐… Ⅲ.①植物散发 – 青少年读物
Ⅳ.①Q945.17-49

中国版本图书馆CIP数据核字(2016)第287992号

责任编辑 芮东莉
        黄修远
美术编辑 肖祥德

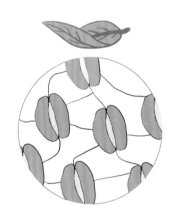

神奇的蒸腾作用

徐 蕾 主编

出　版　上海世纪出版股份有限公司
        上 海 教 育 出 版 社
        易文网 www.ewen.co
地　址　上海永福路123号
邮　编　200031
发　行　上海世纪出版股份有限公司发行中心
印　刷　苏州美柯乐制版印务有限责任公司
开　本　787×1092 1/16 印张1
版　次　2016年12月第1版
印　次　2016年12月第1次印刷
书　号　ISBN 978-7-5444-7345-3/G·6054
定　价　15.00元

目录

C O N T E N T S

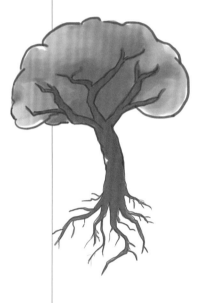

水都到哪儿去了？

一株玉米从发芽到结实的一生中，会从根部吸收至少一浴缸的水。但假如我们把玉米像拧毛巾一样拧干，它里面挤出的水分还灌不满2个矿泉水瓶。那问题来了，绝大部分的水分"跑"到哪里去了呢？

猜到了吗？其实玉米吸收的99%的水都通过蒸腾作用散逸到了空气中。放心，这些水分并没有浪费，它们帮助玉米把营养从根部运输到顶端，还能给玉米叶片降温，更神奇的是，如果你走在湿润多雨的乡间，滴落在你手心的雨水就可能来自于某株玉米呢！

神奇的蒸腾作用

梦游"蒸腾学院"

● 想象一下，有一天你踩在草地上一不小心绊了一跤，再抬头时居然看到各种植物的幼苗正排排坐认真地看着前面的黑板。植物们也要学语数英？哈哈，怎么可能！对于植物来说，性命攸关的就是要掌握蒸腾原理，只有从"蒸腾学院"毕业的幼苗才能长大存活。

● 嘘，作为一个掉入"蒸腾学院"的外来者，你千万不要东张西望地被认出来，好好听课吧！

一滴水的自传

● 这节课学的居然不是植物而是水，不过你很快就会明白，蒸腾中最重要的就是水，所以了解一下它们也不为过。第一篇课文就是关于一滴水的自传，如果你足够聪明，不妨猜猜下一页中故事发展的顺序吧！

神奇的蒸腾作用

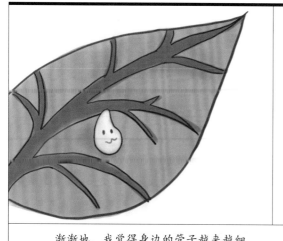

渐渐地，我觉得身边的管子越来越细，我只能从管子里奋力挤出来，到达一片绿色的天地。

我变成水蒸气到达天空上端，组成了云朵，新的轮回马上就要开始了。

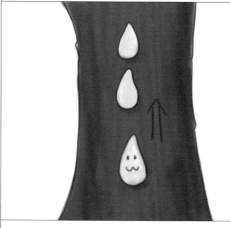

我感到自己进入了一个管子中间，里面有好多水，大家都在有序地往高处走，我也被推搡着向高处前行。

我的出生地是南美亚马孙地区上空的一朵乌云。

突然，我找到了一个与外界联通的开口，在这里我变成了水蒸气并离开叶片，但是身体里的矿物质留在了叶片里。

我进入了土壤中，身体中溶解了土壤里的矿物质。突然，我感到一股吸力把我往一个地方拉。

开闭自如的气孔

● "蒸腾学院"看起来十分简陋，一会儿干燥炎热，一会儿阴雨绵绵。你一边抹汗一边好奇，植物怎么应对这些任性的天气？这不，这里就讲到了植物对环境的应对策略——通过开闭自如的气孔来调节水分。

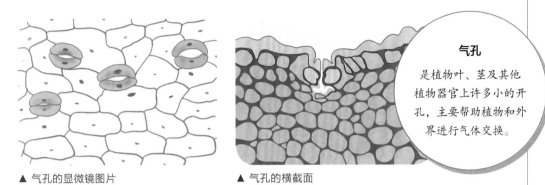

▲ 气孔的显微镜图片　　　　▲ 气孔的横截面

气孔

是植物叶、茎及其他植物器官上许多小的开孔，主要帮助植物和外界进行气体交换。

● 正是有气孔的帮助，在潮湿炎热的时候，植物才能将身体内多余的水分排到大气中。但如果天气很干燥，植物一直张着气孔不就很快被晒干了吗？别担心，气孔周围有两个保卫细胞，它俩可是"能伸能屈"的守门高手。有水的情况下，它们会吸水膨胀，把气孔撑开；失水的情况下，它们就会萎蔫，气孔也随之关闭，保证水分被牢牢锁在植物身体里。

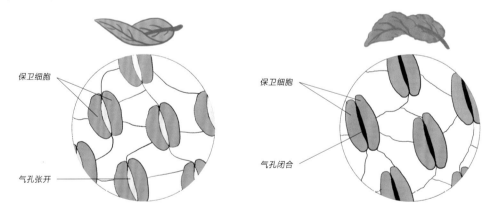

保卫细胞

气孔张开

保卫细胞

气孔闭合

● 哎呀! 又是一场雨打下来，笔记都被弄乱了，你能不能把正确的步骤连起来？

| 植物水分充足 | 保卫细胞缺水收缩 | 气孔张开 | 蒸腾作用减弱 | 植物体内水分保持不变 |

| 植物水分缺少 | 保卫细胞吸水膨胀 | 气孔关闭 | 蒸腾作用增强 | 植物体内水分减少 |

如何"种"出一种气候?

● 在"蒸腾学院"你得知了一个惊天的大秘密,植物可不是受环境摆布的可怜虫!植物的蒸腾作用无时无刻不在改变着地球的气候。广袤的森林中,植物的叶子像一个个水泵,把水从土壤里抽入枝叶中,最终释放到空中形成降雨,因此森林地区气候较同纬度的其他地区都比较清凉湿润。一旦植被被破坏,环境就会发生巨大的变化。

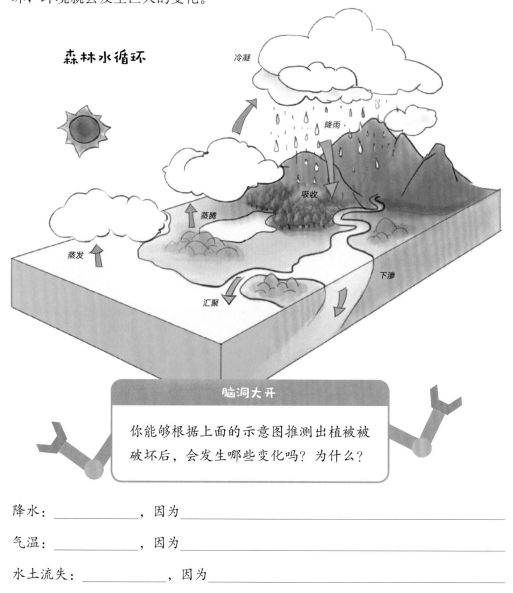

森林水循环

冷凝

降雨

吸收

蒸腾

蒸发

下渗

汇聚

脑洞大开

你能够根据上面的示意图推测出植被被破坏后,会发生哪些变化吗?为什么?

降水:_____,因为_____

气温:_____,因为_____

水土流失:_____,因为_____

神奇的蒸腾作用

你够格成为一株植物吗？

● 一不小心就到了毕业考试的时候，你在"蒸腾学院"过得如何？回到人类社会的唯一办法就是参加毕业考试，你要来挑战一下吗？

蒸腾学院期末考试

判断真假：

1．蒸腾作用只发生在叶片上。（真 ／ 假）
2．蒸腾能促进植物对矿物质的吸收和运输。 （真 ／ 假）
3．大树如果被剥皮就会死去，因为被剥皮的树没有办法进行蒸腾作用。
  （真 ／ 假）
4．在炎热酷暑时，叶片上的气孔会持续打开，增加蒸腾速率，有利于降温。
  （真 ／ 假）
5．凭借蒸腾作用，大树可以将水从根部运送到100米高的树梢。（真 ／ 假）

看看你能拿几分：

1. 假。除了叶片以外，植物的茎干皮孔、角质层都可以进行蒸腾作用，只不过量不超过总量的10%。
2. 真。蒸腾能够产生向上的拉力，增加根系对土壤中的水分连带溶解的矿物质的吸收。
3. 假。被剥皮的大树的确会死去，但是，这是因为大树没有办法靠树皮向下运输糖类物质而饿死的。运输水分主要靠木质部，因此大树被剥皮后还是可以进行蒸腾作用的。

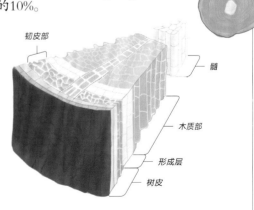

木本植物茎的结构

韧皮部

髓

木质部

形成层

树皮

神奇的蒸腾作用

4. 假。植物在高温酷热的天气如果气孔持续张开，很快就会因为缺水而死亡。比起降温，保持水分对植物更重要。

5. 真。号称"世界爷"的巨杉，树高可达142米，将水分输送到树梢的生理活动就是蒸腾作用。

"蒸腾学院"毕业评语：

● 如果你答对4～5道题，恭喜你，非常棒！离开学院后你可以尝试成为一株植物，或开创一种新型混合职业——"植物人"！

● 如果你答对2～3道题，虽然你还不足以成为一棵合格的植物，不过你拿着这套题去为难一下你的家长、同学还是绰绰有余的。

● 如果你答对1道题，或是全答错了，作为植物，你要么会因过度蒸腾缺水而死，要么会因缺乏蒸腾而淹死，我看，你还是继续做人比较好。

神奇的蒸腾作用

自然探索坊

挑战指数： ★ ★ ★ ★ ☆
探索主题： 植物蒸腾的现象和原理
你要具备： 动手制作能力
新技能获得： 解决问题的能力、创造力

仙人掌的策略

● 你知道为什么仙人掌、光棍树都生活在干旱的地区吗？它们的叶片为什么都退化成一丢丢了？你心里或许已经在猜测——和水有关吧！现在就教你用一个简单的实验来验证一下。

1. 准备两个杯子，分别倒入等量的水。
2. 在两杯水上分别加入20毫升的食用油。
3. 选取一棵树分别截下两段30厘米的枝条。将一根枝条上的叶子摘去80%，而让另一根枝条上的叶子保持不变。
4. 将两根枝条分别插入杯中，每隔1小时观察1次，哪个量杯中的水面下降较快？

神奇的蒸腾作用

不可能的蓝色玫瑰？

● 玫瑰没有制造蓝色素的基因，因此自然界中没有蓝玫瑰。但今天的任务就是要制作一朵"不可能"的蓝色玫瑰。

1. 准备含苞欲放的白色玫瑰花1朵。
2. 从花朵向下量取约30厘米的花茎，用剪刀剪断，并尽量剪成斜面，增加吸水面积。
3. 用花瓶装250毫升的清水，并且加入10毫升的蓝色墨水搅拌均匀，将玫瑰花插入其中。

● 现在我们需要的只是时间了，在等待的时候不妨拿起你的蓝色画笔，记录玫瑰变蓝的过程。

▲ 染色蓝玫瑰

想一想

为什么会产生这样的染色效果？如果把实验放在有风的环境下，染色会加快还是变慢？

蓝玫瑰记录表

时间间隔	1小时	4小时	12小时	2天
玫瑰花变色情况 请用蓝笔在花瓣上涂色				

神奇的蒸腾作用

会走路的水

> **考考你**
>
> 土壤中的水为什么会向植物体移动呢?

● 其实原理就叫液体的毛细作用，植物茎内的导管就是植物体内极细的毛细管，它能利用毛细作用把土壤里的水分吸上来。这么抽象? 还是做个实验一起来了解一下吧!

1. 在桌上将三个一次性塑料杯排成一排，左边塑料杯中倒入半杯蓝色水，右边塑料杯中倒入半杯红色水。

2. 准备两张白色餐巾纸，将它们搓成长条状，如图放进杯子里。

3. 静置1小时，中间原本空着的杯子里现在出现了什么现象?

神奇的蒸腾作用

小气孔大智慧

● 终极考验来了！在"蒸腾学院"里你曾经学到过：保卫细胞能调控气孔的开关，控制植物蒸腾作用的速率。那么保卫细胞失水后为什么气孔就会关闭？为什么保卫细胞要成对出现？

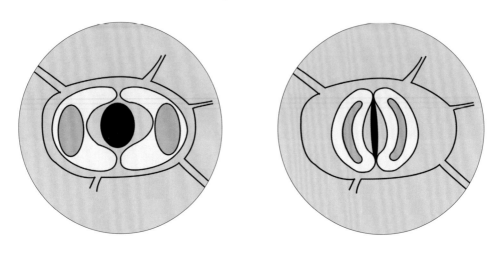

▲ 保卫细胞内水分含量示意图

● 其实原理一点都不神秘。赶紧来做一个有趣的实验，你就全明白了。

1. 准备一个长条形气球，剪下12厘米的中段，将气球对折，并用线系紧对折处，确保两段气球间不会通气。

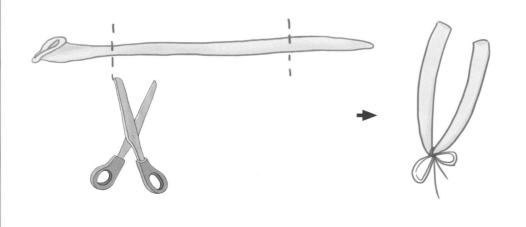

神奇的蒸腾作用

2. 准备一根Y形管，将Y形接口分别接在气球的两端，并用玻璃胶封闭，确保接下来的充气过程中接口不会漏气。

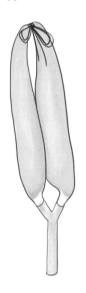

3. 用打气筒向Y形管充气，使气球迅速膨胀，这时会看到两段气球间的孔径明显变大。然后，向外放气，这时会发现气球间孔径消失，两段气球重新贴合在一起。

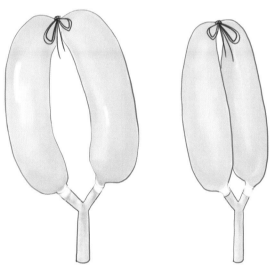

● 实验中的两段气球就如同两个保卫细胞，气球充满气就如同保卫细胞吸足水，你看见气球中间孔径的变化了吗？

神奇的蒸腾作用

奇思妙想屋

● 在特殊的日子想要送束花给特别的人？依我看，送单色花束可显示不出你的水准，现在你可是蒸腾作用小达人了，想不想运用你学到的知识做一束彩虹花束送给那个特别的人？赶紧来动手制作吧！

LEVEL1
彩虹花束

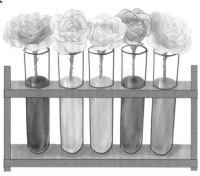

LEVEL2
双色玫瑰

● 记得将你制作的花束拍照上传至上海自然博物馆官网以及微信"兴趣小组—自然趣玩屋"，让那些"植物盲"们颤抖吧！

神奇的蒸腾作用